五〇后作者一年间成功瘦身26kg，保持至今！

英子减肥食单

（日）柳泽英子—著

郭雅馨—译

青岛出版社
QINGDAO PUBLISHING HOUSE

$\mathcal{C}ontents$ 目录

瘦身! 主菜

鸡肉篇 Chicken

猪肉篇 Pork

Contents

瘦身！副菜

沙拉风味的凉拌小菜篇

一只平底锅就能搞定的简单小菜篇

有滋有味！易学易做的小炖菜篇

浓缩蔬菜精华！烤箱里出来的小菜

提前备好足味酱汁

减肥笔记

《英子减肥食单》
减肥 Q&A 总结

Q 主菜和副菜应该怎样搭配？

一道主菜两道副菜正好适量。如果主菜选择较油腻的肉类（例如奶油系列），那么副菜就应该选择比较清爽的蒸菜或是拌菜。

Q 早餐吃什么比较理想？

早餐宜考虑选择有助于肠蠕动且易排泄的代谢类食物。选择水果、酸奶或是蔬果汁之类的食物易于摄取酵素。

Q 米饭或是面包之类的主食应该怎样把握量？

想短时间内一口气瘦下来的人容易回避主食。但如果你想要慢慢地瘦身，每餐以米饭100g（一小碗）或半片面包为宜。而且，应在用餐最后吃。

Q 自带午饭或是在外吃饭的时候如何选择食物？

如果自带便当，可以选择自制的小菜，加热一下食用即可。在外就餐最好不要选择主食或最多吃两口即可。如果非吃不可，翌日就必须调整不吃主食。小菜以糖分低且不甜的口味为宜。

想详细了解的话，请参照如下的瘦身法则

远离易胖的吃法！

不运动成功减重 26kg，
至今未反弹

身高 157cm，穿15号衣服。因为身体状况太差决定减肥。

无意中被拍到的双下巴，幸亏照片里没有拍到我的大象腿。

Start 体重
73kg

有时一个星期体重也未见下跌。但我没气馁，坚信减肥秘诀肯定有效果，最后成功度过了停滞期。

减掉 12kg

3个月后

减掉 19kg

6个月后

拍照的时候，摄影师说："我俯拍你抬头，照出的照片双下巴才不明显。"

这个阶段我刻意远离糖分，效果明显！眼看着体重就掉下来了。

稍微瘦下来一点，也愿意外出活动了。但是瘦到这种程度却又反弹回来了。

我是个地地道道的吃货，
所以想出了很多既过瘾又减肥的小菜。

　　我从小就是一个圆滚滚的小胖墩儿。可以说为了减肥我尝试了所有流行过的减肥方法。我当时 38 岁，体重达到 70kg，反反复复尝试减肥，但效果始终不佳。其后也一直未见改观，50 岁的时候达到了 73kg，衣服穿 15 号的。减肥也无济于事，最后我的体质也亮起了红灯。

　　回想起来，我以前的减肥方法很简单，就是忍着不吃。50 岁以后我自觉代谢减退，体力渐渐不支，减肥也毫无乐趣可言，最后坚持不下去了。于是我开始琢磨减肥的吃法和吃而不胖的小菜。自己制作美味佳肴就能均衡吸收营养，即使不运动也能健康减肥。

减肥期间我记录下每天的食谱和体重、脂肪比率，从每天的变化中总结出了瘦身法则。

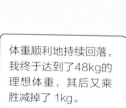

虽然也担心会反弹，但我坚持瘦身吃法，现在仍保持在 47kg。我觉得，自己只要养成好的饮食习惯，就可以无忧无虑地尽情享受美食了。

体重顺利地持续回落，我终于达到了48kg的理想体重，其后又乘胜减掉了1kg。

减掉 22kg
9个月后

午餐开始吃少量主食，渐入缓慢减肥。因为养成了瘦身吃法，即使偶尔吃一顿高糖分的寿司，体重也可以保持原状。

减掉 25kg
1年后

减掉 26kg

现在体重
47kg

瘦身关键词

血糖值	酵素	食物纤维

改变了吃法，仍能奇迹般地减掉体重。

餐后血糖值频频急剧上升，脂肪就会增加。这种让血糖升高的物质就是糖分。首先为了控制血糖上升，就必须控制糖分的摄入量，同时有意识地多吃富含酵素的食物来促进身体的新陈代谢。

另外，一定要重视消化酵素，即不能被人体消化吸收的膳食纤维。我吃了这些水溶性膳食纤维，不光解决了便秘问题，还减缓了食物在体内的消化速度，降低了胆固醇。于是，我的体重奇迹般地减了下来。

从减肥关键词中延伸总结出的

5 条瘦身吃法

1. **每顿饭要多道菜**
少吃诸如咖喱米饭或是拉面之类的单一米面类主食。

2. **少吃土豆、地瓜、南瓜和玉米**
少吃这四种糖分高的食物，除此之外的蔬菜可以尽情享用。

3. **每顿饭从吃生鲜蔬菜开始**
因为生鲜蔬菜中富含酵素，常吃可以达到易获饱腹感的效果。

4. **多吃鱼肉**
不必在意热量，多吃富含优质蛋白的食物可以健康瘦身。

5. **少吃甜食**
不光是甜点，带甜味的炖菜中都含有砂糖，尽量不吃为好。

吃法随意，一个人吃两人的量也没关系

以蛋白质为主，调味原则很简单，用盐、胡椒即可。尽量少用诸如甘醋、酱油或是浓缩汤料之类糖分高的调料。适度食用油类可增加皮肤光泽，缓解便秘。本书中的菜谱不光可以即食，就算放置一段时间也仍然可口。主菜菜谱都是两人量，一个人可分几顿吃或是一次多做一些与他人共享，剩下的可以保存起来，只要在保质期内均可放心食用。

一次多做几样更宜均衡营养

本书中的副菜主要采用蔬菜和豆制品。为了让大家慢慢尝试到各种美味和口感，这里介绍的小菜多为可吃两三顿的量，而且多为简单易做又广受欢迎的便当和下酒小菜。平日里多做几样以备随吃随取，真的方便简单。

瘦身吃法实例

Before

胖子的时代

咖喱饭、拉面、意大利面、寿司……借口自己忙，整天吃一些简单省事的速食食品，加餐时就吃些炒面或泡面之类，难怪会发胖。

迷你沙拉

现在想起来，那点蔬菜的量是远远不够的。

咖喱米饭

不仅是米饭，咖喱块的糖分也很高，另外土豆也是糖分很高的蔬菜。

玉米浓汤

当时的汤品也是选择了自己喜欢的玉米和马铃薯之类高糖分的浓汤。

After

瘦身以后

把瘦身小菜作为备用，需要时拿出来就吃。

　　各种蔬菜不论生熟放心吃，肉类也无需在乎热量尽情吃。随时备有可以吃的瘦身小菜，也就不再依赖速食了。

蒸煎鸡肉 p.10

　　鸡肉、猪肉、牛肉均可尽情食用。为了多摄取酵素记得多配一些新鲜蔬菜。

腌制小番茄 p.71

粗米饭 100g

　　选择粗粮米饭 100g，餐尾食用。急欲瘦身者不宜食用。

西葫芦意大利面 p.83

制作瘦身小菜的小原则

吃些口味清淡口感爽脆的小菜，
既享受美食又可减肥

　　多吃小菜，注意勿食过量盐分。口重的调味会使人增加想吃白饭的食欲。因为小菜放冷了吃起来会让人感觉更咸，做菜时尽量清淡为宜。有的小菜冷藏后吃难免会感觉干硬，所以做菜时宜多放一些油或水，口感会更软一些。

用保鲜膜防止食物变干也是一种方法。

保鲜盒和筷子之类的餐具要保持清洁

　　想要保存起来多吃几天就必须注意卫生清洁，因为这样食物不易腐烂。不仅要洗干净手，还要用热水消毒或是酒精杀菌来保持容器的清洁。取用时也要注意用干净的筷子。另外，必须等菜完全凉透以后再送入冰箱冷藏，这样食品才不容易变质。

保存容器可以用开水烫煮或是用酒精消毒液擦拭。

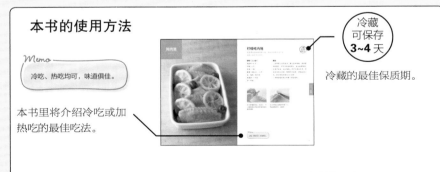

本书的使用方法

Memo
冷吃、热吃均可，味道俱佳。

本书里将介绍冷吃或加热吃的最佳吃法。

冷藏
可保存
3~4 天

冷藏的最佳保质期。

○ 一杯为 200mL，一大匙为 15mL，一小匙为 5mL。大小勺均指平勺量。
○ 尽量选择含有矿物质的粗盐和无添加成分的调味料粉。
○ 味噌无特殊指定，用自己喜欢的即可。
○ 微波炉为 600W，烤箱为 800W。功率不同影响饭菜效果，请在仔细阅读说明书后正确使用加热工具。
○ 说明书上的加热时间或温度仅供参考，可酌情加减。

瘦身！主菜

这些菜谱里的食材不光是各种鱼类、肉类和蛋类，还用了奶油和芝士。
难免会使人怀疑吃这些真的能瘦下来吗？
不过，您完全可以放心，大胆地去吃就能顺利瘦身。

在热菜的时候，我推荐使用微波炉的"加热"功能。如果您的微波炉没有
这种功能的话，就从设定一分钟开始慢慢加热，切记不要过度加热。

鸡肉篇
Chicken

柠檬炖鸡翅

连骨带肉和柠檬煮在一起，钙也会溶解在汤汁里，
连汤一起吃可以补钙。

材料（2人份）

鸡翅中…6个

柠檬…1个

芹菜…1根

橄榄（绿色无籽）…6个

盐、胡椒…各少许

橄榄油…1小匙

水…半杯

做法

1. 在鸡翅上沿骨改刀，撒上盐和胡椒。将柠檬切成薄片，将芹菜斜切成薄片，放入容器保存。

2. 锅中倒油，放入鸡翅，用中火煎至焦黄，再反过来加入柠檬、橄榄和水炖煮。开锅后改小火，盖上锅盖炖煮10~15分钟。

3. 煮好后趁热倒入步骤1的容器内。

瘦身！**主菜**

因为柠檬要连皮一起切片，所以请选择没有添加防腐剂或打蜡的柠檬。

改刀时要从鸡翅的内侧下刀，炖起来熟得快，易脱骨。

Memo

冷吃、热吃均可，味道俱佳。

牛油果鸡肉沙拉

清爽的嫩鸡胸肉与维生素 E 丰富、具有抗衰老效果的牛油果正搭。

冷藏
可保存
2 天

材料（2 人份）

鸡胸肉···5 块

西蓝花菜芽···1 小盒

牛油果···1 个

蛋黄酱···2~3 大匙

柚子胡椒···半小匙

做法

1. 将鸡胸肉倒入沸水中烫 2~3 分钟后关火，加入西蓝花菜芽浸泡五分钟。

2. 取出鸡肉，用手撕成块，用漏勺控干菜芽水分。牛油果切大块备用。

3. 盆中加入蛋黄酱和柚子胡椒拌匀。加入步骤 2 中的食材继续搅拌后倒入容器保存。

※ 市面所售的低热量蛋黄酱含一定糖分，请参照配料表选择纯正的蛋黄酱。

Memo

可以即食。

奶油鸡肉炖口蘑

冷藏
可保存
3~4 天

近来流行新鲜菌类，能够提高免疫力，其食谱广
受欢迎。多吃口蘑宜于身体吸收益生菌。

材料（2 人份）

鸡腿肉（炸鸡块用）…200g

口蘑…12 个

西葫芦…1 根

奶油芝士…40g

橄榄油…1 小匙

水…半杯

盐、胡椒…各少许

做法

1. 将口蘑对切，将西葫芦去皮后切成 5~6mm
厚片。奶油芝士室温解冻备用。

2. 将橄榄油倒入锅中，加入鸡肉块后中火加热。
待肉色变白后，加入口蘑和西葫芦拌炒。

3. 锅中添水后，盖锅炖煮 5~6 分钟。再加入奶
油芝士小火炖 2~3 分钟。最后加入盐和胡椒调
味后即可盛入容器。

Memo

可用微波炉或炒锅加热后食用。

嫩鸡卷

坚硬的鸡胸肉经低温烘培后软嫩多汁。鸡胸肉里
富含缩氨酸，有恢复体力的效果，颇受青睐。

材料（2 人份）

鸡胸肉…1 块（200g）

盐…4g（肉的 2%）

做法

1. 用盐将鸡胸肉腌制 10 分钟。

2. 把鸡肉皮朝下用保鲜膜卷起，再把保鲜膜的
两头拧紧后，放入带拉条的保鲜袋内密封。

3. 将步骤 2 中的食材倒入锅内沸水中，小火煮
3 分钟。待其完全冷却，装入保鲜袋中沥干水分，
放入冰箱保存。

Memo

切片即食，或与生菜一起加入
自己喜欢的酱料制成沙拉食用，
味道更佳。

先系紧一边保鲜膜，然后调
整鸡卷使其粗细均匀，最后
再系紧另一边即可。

微波白菜鸡肉丸

白菜中富含钾，多吃宜加快体内新陈代谢，是一
道不可多得的好菜。

冷藏
可保存
2~3 天

材料（2人份）

鸡肉馅儿…200g

白菜…1/6棵

姜汁…1 小匙

小葱…2 根

盐…1/4 小匙

做法

1. 将白菜切碎倒入耐热容器，撒上盐腌制 3 分钟，然后用手轻揉。最后加盖保鲜膜放入微波炉加热 2 分钟。

2. 将姜汁和少许盐（食材量外）加入肉馅儿内用力搅拌，然后捏成丸子摆到步骤 1 中的食材上，再加盖保鲜膜用微波炉加热 5 分钟。

3. 倒入保存容器内，将切碎的小葱撒在表面。

Memo

即食或加热后食用，味道俱佳。

印度风味烤鸡

冷藏
可保存
3~4 天

为持久保持鸡腿风味，需将之与腌料一起用微波炉加热。
吃带骨肉耗时费力，可以有效防止过食发胖。

材料（2人份）

鸡腿…6个

蒜泥…1瓣量

干荷兰芹碎末…适量

原味酸奶（无糖）…6大匙

A 咖喱粉…1小匙

盐…1小匙

做法

1. 用叉子在鸡腿上戳上几个小孔，使其入味。

2. 将蒜泥倒入耐热容器，加入调料A搅拌，然后加入步骤1中的食材用手劲揉，放置10分钟备用。

3. 盖上保鲜膜，放入微波炉加热4分钟。翻过之后重新加盖保鲜膜再加热3分钟，最后倒入保存容器内，撒上干荷兰芹碎末。

Memo

即食或加热后食用。加热时，
挤上少许柠檬汁，味道更佳。

简版松风烤鸡肉

松风烤鸡肉的标准菜谱里要求加入大量的砂糖和
面包粉，作为瘦身菜品就必须以芝麻取而代之。

冷藏
可保存
4~5 天

材料（2人份）

鸡肉馅儿…300g

鸡蛋…1 个

白芝麻…适量

盐…少许

味噌…2 小匙

做法

1. 将鸡肉馅儿加盐拌至发白，再加入鸡蛋和味噌后用力搅拌。

2. 在耐热容器中垫上锡纸，将步骤 1 中的食材平铺在锡纸上，再撒上白芝麻，用手按压平整。

3. 烤箱预热至 180 度后，烤 15~20 分钟。

※ 上色后盖上锡纸。

Memo

在室温下放置 10 分钟后，再切分入盘。

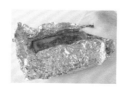

冷却后将绽开的锡纸包向内侧收纳整齐，再放入容器内保存。

蒸煎鸡肉

只加盐和胡椒就很美味，如果再加入辣白菜泡菜会更营养。
辣白菜要最后加，才能避免因加热而导致的乳酸菌流失。

材料（2 人份）

鸡腿肉…200g

豆浆…半杯

泡菜（切碎）…60g

盐…少许

橄榄油…1 小匙

做法

1.将鸡腿肉切成两半，用叉子在鸡皮上戳几处小孔，然后撒上盐。

2.将橄榄油倒入平底锅，然后将步骤 1 中的鸡腿皮朝下摆平放入锅中，用中火煎至表皮金黄后，将鸡腿肉翻过来，盖上锅盖，小火蒸煎。

3.3 分钟后开盖，加入豆浆，煮沸后关火，拌入泡菜，最后装入保存容器。

Memo

请加热后食用。

脆核桃炒鸡块

核桃热量高，很多人避而不吃，但它是低糖的好
食材。因其可以降低胆固醇而备受关注。

冷藏
可保存
2~3 天

材料（2人份）

鸡胸肉…200g

红菜椒、绿菜椒…各1个

大葱…半根

核桃（无盐烘焙）…30g

A ｜ 酒、酱油、芝麻油…
各1小匙

B ｜ 芝麻油…2小匙
蚝油…1小匙
盐、胡椒…各少许

做法

1. 将鸡胸肉切成2cm见方的块状后，加入调料
A腌制入味。红绿菜椒也切成2cm的块状，将
大葱斜切成1cm的长段。

2. 在平底锅中倒入芝麻油后开中火，轻炒一下
核桃后取出。将肉块倒入锅中炒至颜色发白，
加入步骤1中的食材拌炒。

3. 加调料B拌炒后，再次将刚才炒制过的核桃
倒入炒匀，最后关火盛入保存容器。

Memo

请加热后食用。

11

限制热量不如控制血糖值

关注热量不如控制糖分来控制血糖值

饭后由于血糖值上升，合成体脂肪的荷尔蒙开始工作。血糖值反复急速上升，体脂肪增多而导致肥胖。

易使血糖上升的主要食材是米饭、面包、面条等主食类的碳水化合物，再就是水果和甜食中的糖分。总之，控制这些高糖分的摄入是减缓血糖上升从而达到瘦身目的的诀窍。

以我为例，一是不吃主食或是吃平常的⅓到½的量，二是感觉到甜的东西就不吃或少吃。主要是注意这两点。比起过去限制热量减肥的苦楚，现在可以尽情地吃各种自己喜欢的食品，不知不觉轻轻松松健健康康就瘦下来了，再也不用像从前那样整天限制热量不敢随便吃喝了。

特别要注意回避的食材

谷物类：	米饭、面包、面条类
面粉类：	（饺子皮中也含有）淀粉
蔬菜类：	南瓜、玉米
薯类：	土豆、地瓜
调味料类：	甜辣酱油、猪排酱、番茄酱、甜辣酱、咖喱或炖菜的调料块、烤肉酱、砂糖

急速减肥期间，米饭最多吃一两口。

尤其不要使用白砂糖。

想瘦的话应该选哪些食物？

吃饭的时候应该选哪种食物？

乌冬面的热量比肉低，但和米饭或面包一样都是碳水化合物，如同糖块。肉的主要成分是蛋白质和脂肪，即使吃得多一点也没有多少糖分。尽量不要选择含砂糖比较多的酱汁，而应选用盐和胡椒之类的天然调味品。

乌冬面　　　　　　肉

如果吃零食的话该如何选择？

烤地瓜富含食物纤维和维生素，热量远低于芝士，看似利于减肥，可事实上它也是多糖食品。芝士的热量和油脂虽然高，但是属于糖分低的发酵食品，还含有对减肥有利的钙质。

烤地瓜　　　　　　芝士

聚会的时候如何选择饮品？

很多人关注酒的热量而往往会选择富含维生素的鲜榨果汁，殊不知水果里含有大量的果糖。所以，包括葡萄酒、无糖啤酒、蒸馏烧酒、威士忌之类的低糖酒类尽可放心畅饮。

鲜榨橙汁　　　　　红葡萄酒

猪肉篇
Pork

炸豆皮饺子

把饺子皮替换成炸豆皮就可以远离糖分，炸豆皮
脆脆的口感让人难以忘怀。

材料（2 人份）

猪肉馅儿…150g

韭菜…半把

炸豆皮…2 张

芝麻油…半大匙

盐和胡椒…少许

做法

1. 将猪肉馅儿和韭菜末、芝麻油、盐和胡椒放进盆里搅拌均匀。

2. 把炸好的豆皮卷拦腰切开，中间呈开口状，塞入步骤 1 中的食材后抹平成形，一次做 4 个。

3. 把包好的豆皮饺子依次摆入平底锅中，盖上锅盖后用中火加热，煎至金黄色后，将饺子翻过来再煎 3~5 分钟，然后出锅，放入容器保存。

瘦身！ **主菜**

把炸豆皮切半，用手把切口撕开。

把肉馅儿平分后塞入豆皮，尽量去除空气做成饼状。

Memo

可用平底锅加热，或盛在盘子里用烤箱加热，可根据个人的口味蘸上酱油、醋、辣油食用。

小葱拌肉片

冷藏
可保存
2~3 天

猪肉和小葱是有利于疲劳恢复的黄金组合。用芝
麻油裹住保存，口感更顺滑。

材料（2人份）

猪肉（火锅用）…300 克

小葱… ⅓ 把

盐…半小匙

芝麻油…半大匙

做法

1. 将小葱切成碎末，和盐、芝麻油一起倒入盆
中备用。

2. 开一锅水，把猪肉片轻涮一下沥出。趁热加
入步骤 1 中的食材搅拌均匀。

Memo ——

即食很美味，用平底锅炒制也
很棒。

肉卷秋葵

冷藏
可保存
2~3 天

秋葵黏黏的口感是水溶性膳食纤维，富含 β－胡
萝卜素和维生素 B_1、维生素 C，多吃有益健康。

材料（2 人份）

五花猪肉薄片…3 片

秋葵…6 根

芝麻油…1 小匙

盐、胡椒、咖喱粉…各少许

做法

1. 将秋葵的根切去。将五花猪肉薄片拦腰切断。
2. 用秋葵把肉包起来，接口朝下摆进刷过芝麻油的平底锅中。用中火直接煎一会儿。然后再撒入盐、胡椒和咖喱粉，边翻边煎，将肉卷煎透煎匀，出锅盛入容器即可。

Memo

请加热后食用。

猪肉白菜千层派

冷藏
可保存
2~3天

将营养均衡富含膳食纤维的白菜和猪肉搭配起来，用可以加
热的保存容器直接加热，即可轻轻松松做成一道好菜。

材料（2人份）

猪肉薄片…200g

白菜…⅛棵

大葱…半根

盐、胡椒…各少许

芝麻油…1小匙

做法

1. 将白菜切成大片，大葱斜切成薄片。

2. 在耐热容器里按照一半白菜、猪肉薄片、大葱、
盐和胡椒的顺序层层放入，最后盖上剩下的一
半白菜，再洒上芝麻油。

3. 盖上保鲜膜，入微波炉加热6分钟。冷却后
放进冰箱冷藏保存。

※白菜放入容器中显得蓬松，加热后就会自然软塌，不必担
心。

Memo

可以即食。加热会感觉味道变
淡，可佐以酱油或干醋同食。

汉堡肉饼

冷藏
可保存
2~3 天

可以燃烧脂肪的猪肉（维生素 B$_1$）和大葱（硫化烯丙基）
的组合。推荐这个食谱，比做汉堡肉更简单。

材料（2 人份）

猪肉馅儿…200g

洋葱…半个

小葱…3 根

A | 酱油、醋…各 1 大匙半
   | 橄榄油…1 大匙

肉豆蔻…1 小匙

盐…少许

橄榄油…1 小匙

做法

1. 将洋葱横切成薄片，小葱斜切成段，放入容器中，加入调料 A 搅拌均匀。

2. 在猪肉馅儿里加入肉豆蔻和盐，搅拌后团成一口大小的丸子。

3. 将油倒入平底锅，开中火，将步骤 2 中的肉丸摆入煎 3 分钟，然后翻过来煎 2 分钟。趁热倒入步骤 1 的容器中，最后摆上洋葱和小葱即可。

Memo

可以即食，或整体加热后食用。

芝士蒸猪肉火腿

食材颇多，做法却很简单！
营养均衡，味道独特。

冷藏
可保存
1~2 天

材料（2人份）

猪肉薄片…4片

火腿片…4片

可溶芝士片…2片

番茄…1个

洋葱…¼个

鸡腿菇…2个

盐、胡椒、大蒜粉…各少许

橄榄油…2小匙

做法

1. 将猪肉薄片、火腿片、可溶芝士片切成两半。将番茄、洋葱、鸡腿菇切薄片。

2. 在耐热容器中依次稍重叠摆入肉、番茄、火腿片、洋葱、芝士和鸡腿菇。撒上盐、胡椒、和大蒜粉，然后淋上一圈橄榄油。

3. 盖保鲜膜后放入微波炉加热6分钟。连汤汁一起倒入容器中保存。

Memo —

加热后，连汤一起食用。

卷心菜烧卖

用卷心菜做烧卖皮胃口好易消化，可以连营养丰富的菜芯
也一同吃掉。

冷藏
可保存
1~2 天

材料（2 人份）

猪肉馅儿···150g

卷心菜···4 片

洋葱···⅙ 个

A | 酱油···2 小匙
  | 盐···少许
  | 芝麻油···1 小匙

Memo

即食或加热后食用均可。

做法

1. 用水将卷心菜的叶子浸湿后，包上保鲜膜，放入微波炉里加热 3 分钟。然后揭掉保鲜膜保留菜芯，切成 6cm 大小的 12 片，沥干水分。将剩下的菜芯切成细末后，攥干水分。最后将洋葱也切成碎末备用。

2. 将猪肉馅儿、切碎的卷心菜和洋葱倒入碗中，加入调料 A，用力搅拌。

3. 将步骤 2 中的馅儿料均匀分成 12 等份后包入 12 片卷心菜中。然后摆入耐热盘，盖上保鲜膜，用微波炉加热 4 分钟。冷却后倒入保存容器即可。

猪肉木耳炒蛋

木耳富含胶质，美肌效果极佳。
和猪肉一起炒制，美味相得益彰。

材料（2 人份）

猪肉薄片…100g

木耳（泡发好）…6 个

芦笋…2 根

鸡蛋…2 个

A
盐、胡椒…各少许
芝麻油…1 小匙

B
芝麻油…半大匙
酱油、味精…各 1 小匙
水…1 大匙

做法

1. 将猪肉薄片切成 3cm 大小，用调料 A 搅拌后涂抹使之入味。木耳切成小块，芦笋斜切成薄片。

2. 在平底锅中倒入芝麻油，中火加热，同时倒入鸡蛋，搅拌炒熟后盛出备用。将空锅中倒入猪肉，用中火炒制，再加入木耳和芦笋继续加热。最后加入调料 B，倒入预先炒好的鸡蛋，混合后关火盛出装入容器。

Memo

加热后，连汤一起食用。

蘑菇酱汁煎猪排

猪肉浸在汤汁里，滑嫩可口。再组合入膳食纤维丰富的朴蕈菇和裙带菜，相得益彰。

冷藏
可保存
2~3 天

材料（2人份）

炸猪排用猪肉…2 片

朴蕈菇…1 袋

盐腌裙带菜…40g

大葱…⅓ 根

橄榄油…1 小匙

水…半杯

清汤料粉…2 小匙

盐、胡椒…各少许

Memo

即食或加热味道更佳。

做法

1. 将炸猪排用肉改刀断筋。将朴蕈菇洗净沥干。将盐腌裙带菜用水浸泡 5 分钟后沥干切碎。将大葱斜切成细丝。

2. 将橄榄油倒入锅中，开中火后，把肉摆入。上色后翻过来再煎 2~3 分钟。然后放入保存容器。

3. 锅中加入水和清汤料粉，水开后加入朴蕈菇、裙带菜、大葱煮 1 分钟。用盐和胡椒调味后倒在步骤 2 的猪排上。冷却后放入冰箱保存。

算准时间和分量，注意碳水化合物的摄入方法

没必要完全不吃主食，重要的是吃多少、怎么吃和什么时间吃。

米饭、面类、面包和意大利面等碳水化合物，可以说都是富含糖分的食物，和加入砂糖的甜品一样。完全不吃这些食物的话确实会瘦，但是需要自我控制。在这样的负担之下，既让人难以坚持下去，也不容易瘦不下来。因此，我们就要考虑如何改变进食的顺序。将每顿饭的碳水化合物放在最后吃，而且将进食量减到以前饭量的½～⅓。据说每餐最后吃主食，可以延缓餐后血糖升高。另外，适量增加粗粮，可增加餐中的维生素、钙和膳食纤维，提高营养值，既可以瘦身也会使肌肤变得水润光滑！

碳水化合物吃多少才算合适呢?

吃以前饭量的½～⅓就可以。因为只盛半碗饭看起来不过瘾，为此我特意去买了一个小饭碗，大约只能盛100g。普通的饭碗能盛200g，大碗能盛300g。

想变瘦就要多吃富含维生素和钙的食物

五谷

只要和白饭一起蒸，就可以轻松补充维生素和膳食纤维。

全麦意大利面

用小麦整粒磨成的全麦粉（也叫粗面粉）做的意大利面。

大麦、燕麦

富含膳食纤维，抑制胆固醇吸收，延缓血糖上升。

黑麦面包

推荐吃黑麦做的面包。也可同时吃全麦或是掺入五谷的面包。

实在想吃的话怎么办?

魔芋米

市面上有售用魔芋加工成的米粒状代食品，其膳食纤维丰富，可以和大米一起蒸煮。

鸡腿菇

撕成细条加入意大利面里，可以轻而易举地用一半鸡腿菇代替主食。

烤方丁牛肉

瘦肉里含有丰富的左旋肉碱，可以帮助燃烧脂肪。
把牛肉切成厚片口感饱满。

材料（2人份）

整块牛腱肉⋯300g

蒜泥⋯1 瓣

盐胡椒⋯各少许

橄榄油⋯1 小匙

A 干醋酱油⋯ 半杯
水⋯ 1/4 杯

做法

1.将整块牛腱肉用蒜泥、盐、胡椒腌制 10 分钟。

2.锅中倒入橄榄油，开中火，将肉的两面分别
煎 2 分钟。改小火加入调料 A，加热 1 分钟。

3.连汤带肉一起倒入塑料袋中，排空袋中空气，
扎紧口后用毛巾包起来。

瘦身！**主菜**

要把肉的各个面都煎到。

保温至汤汁冷却，让肉更入味。

Memo

切成块后配上水芹之类的蔬
菜一起食用。

松卷牛肉

（冷藏 可保存 1~2 天）

把各种蔬菜切成薄片，用肉片卷起来用微波炉加热即可。
简单易做，是一道富含蔬菜的佳肴。

材料（2人份）

牛肉薄片（瘦肉）…200g

金针菇…1盒

水菜…2棵

红菜椒…1个

A ┃ 橄榄油、柠檬汁…
　┃ 各1大匙
　┃ 酱油…2小匙

Memo

即食或加热后味道更佳。

做法

1. 将金针菇的根部切掉，分成小撮。将水菜切成4cm长的段。将红菜椒竖切成细丝。

2. 摊开牛肉薄片，把步骤1中的材料均匀摆在肉片上，然后卷起来。摆到耐热容器里，盖上保鲜膜，用微波炉加热5分钟。

3. 盛入容器，淋上调料A。

茄汁白花豆

在豆类中刀豆富含营养，
和牛肉一起煮可以延缓衰老。

冷藏
可保存
3~4 天

材料（2 人份）

牛肉馅儿（瘦肉）…

200g

洋葱…¼个

大蒜…1 瓣

刀豆（水煮）…100g

切块番茄罐头…300mL

干香芹末…适量

橄榄油…1 大匙

红椒粉…1 小匙

盐…⅔小匙

胡椒…少许

做法

1. 将洋葱、大蒜切成粗碎末。

2. 将橄榄油倒入锅中后，放入蒜末开中火，煸出香味后倒入洋葱末炒软，再加入牛肉馅儿翻炒。

3. 加入刀豆、切块番茄、红椒粉、盐和胡椒，搅拌后改小火煮 15 分钟。最后撒上干香芹末即可。

Memo

即食或加热口味更佳。可以不用面包而是改用生菜包着吃。

绿酱佐烤羊排

冷藏
可保存
3~4 天

在所有肉类中，羊肉的 L- 肉碱含量很高，和富含有提高免
疫力功效的 β 胡萝卜素的紫苏酱汁一起吃，营养更丰富。

材料（2 人份）

羔羊肉排…6 根

紫苏叶…10 片

A | 橄榄油…1~2 小匙
　| 盐、胡椒、蒜粉…各少许

橄榄油…1 大匙

盐…¼小匙

做法

1. 用调料 A 将羔羊肉排腌制 5 分钟。将紫苏叶切成粗碎末。

2. 将肉排摆入平底锅中，中火煎至自己喜欢的熟度后放入保存容器。

3. 将橄榄油和盐倒入空锅后开中火，加入紫苏叶末轻炒后倒在步骤 2 的肉排上。

Memo

可根据喜好添上小番茄之类的时蔬一起食用。

羊肉炖菜

大块蔬菜也美味，是可以暖身的炖菜。
就这一道菜让肚子吃得饱饱的。

冷藏
可保存
3~4 天

材料（2 人份）

羊肩肉…200g

洋葱… 半个

芹菜…1 根

鸡腿菇…1 大个

番茄泥…1 杯

橄榄油…2 小匙

水…1 杯

清汤料粉…2 小匙

盐、胡椒…各少许

做法

1. 将羊肩肉切成大块，洋葱切成弧形片。芹菜斜切，鸡腿菇切成滚刀块。

2. 在锅中加入橄榄油，开中火，加入步骤1的食材焗炒。加水和番茄泥煮后撇除浮沫，然后加入清汤料粉用小火炖20分钟。

3. 加盐和胡椒调味后倒入保存容器中。

Memo

加热后食用，也可以根据喜好加入孜然粉或是红椒粉。

擅用酵素美体瘦身

每天早餐首先吃时蔬、水果和发酵食品

生的食材和发酵类食品里含有酵素。酵素在消化过程中不可或缺，作为代谢酵素起作用，促进人体顺利代谢，达到瘦身目的。以前流行的早餐吃香蕉或猕猴桃减肥的关键也在于酵素。改变吃饭顺序减肥，吃卷心菜减肥，生吃时蔬减肥等诸类方法，归根结底都是酵素的功劳。总之，胃空的时候先吃富含酵素的食品最有效。消化系统变好了肠内环境也就变得干净了。

早晨宜吃酵素餐

早晨胃空的时候宜多摄取酵素。蔬果汁、切块水果、酸奶等，都可以随意搭配着早餐吃，无需另备菜品。我每天早晨都喝自己用果汁机制成的果汁，这样不会破坏果汁中的酵素成分。

> 早晨可以吃一些糖分多的水果。甜味爽口！

含有酵素类食品

納豆、泡菜

生菜、卷心菜、芹菜

建议从纳豆或是泡菜等发酵食品里摄取酵素。特别是不喜欢吃生的蔬菜的人，可用发酵食品来补充酵素。

生菜、卷心菜或是芹菜一类的蔬菜里富含酵素。因为加热后酵素会流失，所以应该生食。

香蕉、牛油果

酸奶

香蕉里含有酵素淀粉酶，用以分解淀粉。牛油果中富含的脂肪酶则用于分解脂肪。它们各有分工，缺一不可。

酸奶里含有乳酸菌，可以增加肠内的益生菌，有效地改善肠内环境。

肉冻风味豆腐

豆腐中富含优质蛋白质。不妨偶尔换换口味品尝
一下肉冻风味的豆腐。

材料（2人份）

嫩豆腐…1块（200g）

扁豆…4~5个

金枪鱼罐头（油浸）…1罐（70g）

鸡蛋…2个

太白粉…1小匙

盐…⅓小匙

做法

1. 将嫩豆腐捏碎后放入耐热容器中，不盖保鲜膜直接放进微波炉里加热2分钟，捞起后放置5分钟控水。将扁豆用保鲜膜包住，微波加热1分钟后切成5mm小块。

2. 将豆腐放入盆中，用打蛋器打碎成浆。再加入扁豆、金枪鱼罐头（油浸）、鸡蛋、太白粉和盐搅拌。

3. 在长方形耐热容器内铺上保鲜膜后将步骤2中的食材倒入抹平，再盖上保鲜膜用微波炉加热3分钟。取出重新搅拌后再抹平，盖上保鲜膜加热2分钟。冷却后连保鲜膜一起拿出来，包起来放入保存容器里。

瘦身！
主菜

将豆腐用打蛋器打碎成浆。

再次搅拌防止加热不均匀。

Memo

切块即食，也可以根据个人
口味淋上酱油或甘醋食用。

西式冻豆腐炖菜

冷藏
可保存
3~4 天

冻豆腐富含促进脂肪代谢的皂角苷和预防老化的维生素 E。
因为日式炖菜的口味多偏甜，改用西式做法更美味。

材料（2 人份）

冻豆腐…2 块

大葱… 半根

香肠…4 根

胡萝卜… ⅓ 根

水…1 大杯

清汤料粉…半小匙

盐、胡椒…各少许

芝士粉…1 大匙

做法

1. 将冻豆腐浸到温水中泡发 5~10 分钟，然后用手攥干水分，切成 2cm 见方的小块。将大葱和香肠切成 2cm 小段。将胡萝卜切成 1cm 的十字块。

2. 锅中倒入水，开中火，开锅后加入步骤 1 中的食材和清汤粉料，用小火炖 15 分钟。再加入盐、胡椒调味后倒入保存容器里，撒上芝士粉。

Memo

加热后食用。

豆渣大阪烧

豆渣是众所周知的减肥食材。
用磨成粉的豆渣可做大阪烧。

冷藏
可保存
2~3 天

材料（2 人份）

卷心菜…3 片

猪五花肉…4 片

豆渣粉末…6 大匙

鸡蛋…4 个

橄榄油…1 大匙

做法

1. 将卷心菜切碎。将猪五花肉切成 3cm 的片。

2. 将豆渣粉末和鸡蛋在盆中搅拌后，再加入步骤 1 的食材继续搅拌。

3. 锅中加入半勺橄榄油，开中火。再将步骤 2 中的糊倒入一半。盖上锅盖用中小火煎 3 分钟，然后翻过来再煎 3 分钟。用同样的方法再煎 1 张饼后一起放入保存容器。

Memo

加热后食用，也可以根据个人喜好淋上酱油、海苔粉或是添上红姜食用。

炸豆皮卷辣白菜芝士纳豆

油炸豆皮也和豆腐一样都是大豆制品。
豆皮用三种发酵食品做会更健康。

材料（2人份）

油炸豆皮···2 张

辣白菜（大块）···40g

纳豆···40g

披萨用芝士···40g

做法

1. 将油炸豆皮切成两半，从开口处均匀填入辣白菜块、纳豆和芝士，用牙签封住。

2. 将步骤 1 中的豆皮摆入锅中，开中小火。煎上色后翻过来，改用小火再煎 2 分钟后放入容器保存。

Memo

用微波炉或烤箱加热后食用。

麻婆炸豆腐

炸豆腐富含可以防止老化的维生素 E。
口感柔韧，是减肥的好食材。

冷藏
可保存
2~3 天

材料（2 人份）

厚炸豆腐…1 块

大葱…半根

香菇…4 个

青椒…2 个

大蒜…1 瓣

芝麻油…2 小匙

豆瓣酱…1~2 小匙

水…¼杯

味精…2 小匙

酱油…1 小匙

做法

1. 将炸豆腐浸入开水，然后沥干水分切成大块。大葱、香菇、青椒、大蒜切成粗末。

2. 将芝麻油和大蒜倒入锅中，开中火，煸香后加入大葱、香菇、豆瓣酱拌炒。然后倒入炸豆腐块、水和味精，再加入青椒，小火炖煮 5~6 分钟。用酱油调味后放入容器保存。

Memo

即食或加热后味道更佳。

应该有意识摄取膳食纤维

膳食纤维比比皆是，其水溶性的作用不容忽视。

膳食纤维是指人体内消化酵素中不能消化的食物成分。众所周知，不溶性膳食纤维有增加排便量防止便秘的功效。其实，更应重视水溶性膳食纤维具有的延缓体内消化吸收速度和恢复胆固醇正常值的功效。另外，多吃膳食纤维多的食物，增加咀嚼次数，还可以增加唾液分泌，增加饱腹感，防止饮食过量。

什么食物既含有水溶性纤维又含有非水溶性纤维呢？

纳豆中均衡含有水溶性纤维和非水溶性纤维。其中既含有黄豆中的非水溶性纤维又含有经过发酵的水溶性纤维素黏液。

勿将纳豆拌米饭吃，而应将纳豆与切碎的秋葵或是辣白菜搅拌制成小菜食用。

水溶性的食物纤维

水溶性纤维是指可以溶解于水的膳食纤维，多存在于裙带菜等海藻类或秋葵和大蒜等蔬菜中。它可以延缓食物消化吸收的速度，有控制血糖和胆固醇上升的功效。

牛油果素因含热量较高而常被人敬而远之，其实多吃为好。

非水溶性的食物纤维

不能溶解于水的膳食纤维有吸收体内多余水分、增加肠蠕动的功效。但是过量摄入会使排泄物干涩导致便秘。这种营养素大多存在于牛蒡、菌菇类、紫苏叶和豆渣里。

牛蒡在蔬菜中含糖量较高，但富含膳食纤维，不可忽视。

橄榄油低温炖鲑鱼

鲑鱼富含虾青素，具有极强的抗氧化效果。
低温烹调可以保持口感细嫩。

材料（2 人份）

新鲜鲑鱼…3 切块

口蘑…6 个

大蒜…1 瓣

小茴香（有的话）…2 根

橄榄油…4~5 大匙

盐、胡椒…各少许

做法

1. 将生鲑鱼切成 3 等份，用盐和胡椒腌制 10 分钟后吸干水分。口蘑切成两半，用刀拍碎蒜瓣。

2. 将橄榄油和大蒜倒入小锅中，开中火焖出香气后加入鲑鱼、口蘑，如有小茴香也可加入。用文火炖煮 15 分钟，再用盐和胡椒调味后装入保存容器。

瘦身！
主菜

加入食材后，用文火炖煮的过程中轻轻晃一下锅底，防止食材粘锅。

食材多油，冷却后加盖保鲜膜。

Memo

即食或加热后味道更佳。加上辣椒味道更好吃。

中国风味蒸鲑鱼

鲑鱼富含可以促进营养素代谢的维生素 B 群和可以促进钙质吸收的维生素 D。入锅即熟。

材料（2 人份）

新鲜鲑鱼…2 大块（约 180g）

香菇…2 个

荷兰豆…40g

胡萝卜…3cm

大葱…⅓ 根

姜…1 块

A│酒、芝麻油…各 1 大匙

B│酱油、豆瓣酱…各 1 小匙

Memo

加热后食用。

做法

1. 将新鲜鲑鱼用盐和胡椒（分量外）腌制 10 分钟后吸干水分。

2. 将香菇切成薄片，荷兰豆斜切成两半，胡萝卜、大葱、姜切成细丝。

3. 在耐热容器里用香菇垫底，摆入鲑鱼后倒入步骤 2 中的食材后，淋上调料 A，然后盖上保鲜膜，放入微波炉加热 5 分钟。将鲑鱼和蔬菜一起倒入容器中。

4. 把盘子里剩余的汤汁加入调料 B 搅拌后浇在步骤 3 的鲑鱼上。

鲕鱼清炖白萝卜

鲕鱼的脂肪富含EPA、DHA之类的不饱和脂肪，
有降低血中胆固醇的功效！

冷藏
可保存
2~3 天

材料（2人份）

鲕鱼…2块

白萝卜…⅓小根

姜…2小块

茼蒿…4棵

水…2杯

A ┃ 日式汤粉…2小匙
  ┃ 味淋…半大匙

盐…半小匙

※ 因味淋中含有较多糖分，建议
少量使用，不宜多喝。

做法

1. 将鲕鱼切成两半，撒少量盐腌制5分钟后挤
干水分。将白萝卜切成1cm厚的半圆块，姜切
成丝，茼蒿切成长条。

2. 将白萝卜放入锅中，添水开中火。开锅后加
入调料A，改小火煮10分钟左右。

3. 加入鲕鱼和姜丝后撒盐调味，再炖5分钟。
最后加入茼蒿小煮即可。

Memo

加热后食用。

咖喱蛋黄酱虾沙拉

虾，高蛋白、低脂肪，富有多种适宜减肥的营养成分，和富
有营养价值的西蓝花一起吃最好。

材料（2人份）

虾（带壳）…160g

西蓝花…1 小棵

煮鸡蛋…2 个

酒…1 大匙

盐…少许

A
蛋黄酱…3 大匙
原味酸奶（无糖）…1 大匙
咖喱粉…1 小匙
盐、胡椒…各少许

做法

1.将虾去壳，从中间开背挑出虾线后加上酒和
盐备用。将西蓝花瓣成小朵。将煮鸡蛋切成 4
等份。

2.锅中开水煮沸后，加少量盐，将西蓝花烫一下，
然后沥水。将虾倒入剩下的开水中烫 2~3 分钟。

3.将调料 A 加入盆里搅拌，再加入煮鸡蛋和步
骤 2 的食材后搅拌，然后倒入保存容器。

Memo

即食。

章鱼炖番茄

章鱼富含牛黄酸，是绝佳的减肥食材，
口感鲜美，百吃不厌。

冷藏
可保存
3~4 天

材料（2 人份）

煮熟的章鱼…200g

蟹味菇…1 盒

洋葱…¼个

大蒜…1 瓣

红辣椒…1 根

整颗番茄罐头…200mL

黑橄榄（无种）…8 个

荷兰芹干末…适量

橄榄油…2 小匙

水…1 杯

盐、胡椒…各少许

做法

1. 将煮过的章鱼切大块。蟹味菇去根撕成小朵。
洋葱和大蒜切成粗末。

2. 将橄榄油和大蒜倒入锅中，开中火，煸香后
加入章鱼、蟹味菇、洋葱、红辣椒炒制后再倒
入番茄罐头和水。

3. 开锅后改小火，用铲子将番茄捣碎，加入黑
橄榄、盐和胡椒后盖上锅盖炖煮半小时。倒入
容器中，撒上干荷兰芹碎末即可。

Memo

即食或加热后口味更佳。

过食、零食……主动暗示自己消除焦虑

饥饿感忍一会儿就会消失。
忍不住的人可以喝水或是少吃一点，很有效。

经常听人说"吃饭后甜点是另一个胃""肚子饿就忍不住想吃零食"。人本来就只有一个胃，当然没有什么另一个胃。实际上稍微忍耐一会儿饥饿感就会消失，但是过度强忍减肥中的饥饿感，对精神上是有副作用的。

重要的是想办法自己暗示自己，达到减肥目的。例如喝点热茶，选些有嚼头或是少许营养价值较高的小零食来吃。

感觉到饥饿就喝点热茶来放松一下

准备一些咖啡、红茶、花茶、绿茶之类的热饮，权当下午茶。既可放松身心又可以暖胃，让体温上升加速血液循环。

> 微热比滚烫更能使身体接受。喝温水效果也不错！

推荐备用的小食品！

巧克力

选不添加砂糖的或是可可脂在70%之上的巧克力，吃上两三小块。

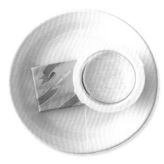

芝士

选块自己喜欢的芝士吃上两三口。

杏仁

吃 5 粒左右。除了杏仁其他的坚果也可以，但是要选无盐烘焙的。

干果

干果中既含有水溶性膳食纤维，又含有非水溶性膳食纤维。但是糖分比较高，最多只能吃两三颗。

小鱼干

可以补充钙质的无盐烘焙的小鱼干。备上一点权当零食。

瘦身！
主菜

49

鸡蛋篇

Egg

西班牙煎蛋

鸡蛋是低糖的好食材。西班牙煎蛋多为烹制，故
糖分偏高，改用芦笋和杏鲍菇，可谓妙招。

材料（2人份）

鸡蛋…3 个

芦笋…2 根

维也纳香肠…4 根

盐、胡椒…各少许

橄榄油…2 小匙

做法

1. 将芦笋去根后切成 1cm 长的段，杏鲍菇和香
肠也切成 1cm。

2. 打入鸡蛋，加盐和胡椒搅拌。

3. 在平底锅中加入橄榄油后开中火，加入步骤
1 中的食材炒 2 分钟后，趁热倒入步骤 2 中的
鸡蛋搅拌。

4. 擦干空出来的平底锅，将步骤 3 中的食材倒
入，开火并开始搅拌，待鸡蛋呈半熟状态后，
改小火反正两面都煎上色，倒入容器。

瘦身！
主菜

炒制后的食材趁热倒进蛋液里
容易熟。

翻炒时先将案板准备好，将平
底锅直接扣在案板上即可。

Memo

切成适中大小，即食或加热
后食用味道更佳。

鸡蛋火腿千层烧

冷藏
可保存
1~2 天

普通的煎蛋里加入蔬菜也可增加分量。烹制时最好用煎蛋器，
用普通的平底锅也可。

材料（2 人份）

鸡蛋…3 个

卷心菜…2 片

火腿片…4 片

盐、胡椒…各少许

橄榄油…1 小匙

做法

1. 将卷心菜切成大块。将鸡蛋、盐和胡椒搅拌均匀。

2. 在煎蛋器中倒入橄榄油，开中火加热。先铺上⅓的卷心菜，后铺上 2 片火腿，再铺上剩下的卷心菜的一半，放上两片火腿后，盖上剩下的卷心菜。然后开小火煎 1~2 分钟。

3. 倒入鸡蛋煎 1~2 分钟后，翻过来再煎 2~3 分钟，出锅，倒入容器中。

Memo —

切块大小要适中。即食或加热后更美味。

法式乳蛋饼

省掉乳蛋饼中高糖分的面糊。加入生奶油和芝士后虽然热
量较高，但也堪称是一道瘦身好菜。

冷藏
可保存
1~2 天

材料（2 人份）

鸡蛋…2 个

生奶油…5 大匙

油菜…4 根

培根…2 片

披萨用芝士…40g

盐、胡椒…各少许

橄榄油…1 小匙

Memo

切成适中大小，即食或加热后
食用味道俱佳。

做法

1. 在盆中打入鸡蛋，加入生奶油、盐和胡椒搅
拌均匀。

2. 将油菜切成 3cm 长的段。培根切成细丝。

3. 将橄榄油倒入平底锅，开中火，放入步骤 2
中的食材，炒至菠菜软烂后加入步骤 1 中的鸡
蛋。

4. 铺上披萨用芝士，放入预热到 180 度的烤箱
烤 6~8 分钟。最后连带锡纸一起出炉，放入容
器内。

银鱼葱蛋饼

冷藏
可保存
1~2天

富含钙质的银鱼葱蛋饼,再加上富含维生素和矿物质的小葱,
相得益彰。

材料（2 人份）

鸡蛋…3 个

小葱…5~6 根

干银鱼…50~60g

盐、胡椒…各少许

芝麻油…2 小匙

做法

1. 将小葱切成碎末。

2. 将小葱碎末、干银鱼、鸡蛋、盐和胡椒倒入盆中搅拌均匀。

3. 将芝麻油倒入锅中，开中火，加入步骤 2 中的食材搅拌加热。待蛋液稍凝固后，倒在铺平的锡纸上，卷成筒状，冷却后装入容器。

Memo

切成适中大小，即食或加热后食用味道俱佳。

萝卜苗蛋卷

冷藏
可保存
1~2 天

萝卜苗是芽菜中的一种，极富营养。用鸡蛋饼卷起来可以
替代芝士。

材料（2人份）

鸡蛋…2个

萝卜苗…1盒

披萨用芝士…40g

盐、胡椒…各少许

橄榄油…2小匙

做法

1. 将萝卜苗去根后切成1cm长的小段。鸡蛋打碎后加盐和胡椒搅拌均匀。

2. 把一半分量的橄榄油倒入煎蛋锅中，开小火。再撒上一半的萝卜苗和披萨用芝士，待芝士融化后从一端卷起来再用锡纸包住。

3. 剩下的材料用同样的方法再做一个，冷却后保存即可。

Memo

切成适中大小，即食或加热后
食用味道俱佳。

冷藏
可保存
3 天

酱油卤蛋

入味的卤蛋回味无穷!

材料（2 人份）

煮鸡蛋…4 个
酱油…2 小匙

做法

1. 将煮鸡蛋去壳，和酱油一起放进塑料袋中。

2. 排出袋中空气，放入冰箱冷藏即可。

材料（2 人份）

冻豆腐…2 片

A | 橄榄油…1 匙半
  | 芝士粉、大蒜粉…各少许

做法

1. 将冻豆腐浸入热水，泡发 5~10 分钟，回软后用手攥干水分。将其中一片切成 5~8mm 厚。另一片切成 4 等份，再斜切成三角形。

2. 把调料 A 撒满冻豆腐，然后摆到铺在烤箱里的锡纸上，预热 180 度后烤 20~25 分钟。

脆烤冻豆腐

胜过仙贝！胜过曲奇！

冷藏
可保存
3~4 天

解馋的下酒小菜！做法简单，随做随吃。

* 无需加热即食。

红酒炖鸡肝

营养丰富的鸡肝想吃就吃

冷藏
可保存
3~4 天

材料（2 人份）

鸡肝…200g

洋葱…半个

大蒜…1 瓣

干荷兰芹碎末（根据口味）…适量

橄榄油…2 小匙

盐…⅓小匙

红酒…1 杯

黄油…1 大匙

胡椒…少许

做法

1. 将鸡肝切成适中大小，冲洗 5 分钟后沥干。

2. 将洋葱切薄片，将大蒜切成粗末。

3. 在锅中倒入橄榄油，倒入大蒜，开中火煸香后加洋葱炒制。

4. 加盐炒 2~3 分钟后倒入红酒。煮沸后撇出浮沫，改中小火煮至收汁。加入黄油、胡椒搅拌后关火，倒入保存容器，最后根据个人口味撒上干荷兰芹末即可。

橄榄油腌芝士

芝士香嫩可口。

材料（2 人份）

自选芝士···100g

迷迭香···1 根

橄榄油···¼杯

做法

1. 将自选芝士切成适中大小。迷迭香切成 3 等份。

2. 装入玻璃瓶后注入橄榄油。

冷藏可保存 **4~5** 天

牛油果辣拌三文鱼

两种美容食材的完美组合。

冷藏可保存 **1~2** 天

材料（2 人份）

三文鱼（生吃用去骨）···160g

牛油果···1 个

A | 原味酸奶（无糖）···2 大匙
| 柠檬汁···1 大匙
| 橄榄油···半大匙
| 盐、胡椒···各少许
| 辣椒油···适量

做法

将三文鱼和牛油果切成 2~3cm 的方块，倒入盆中。再加入调料 A，搅拌后倒入保存容器。

冷藏
可保存
2~3 天

鲍汁炒鸡胗

清脆的口感，补充铁分和维生素 B。

材料（2人份）

鸡胗…200g

绿长椒…6 根

盐、胡椒、大蒜粉…各少许

橄榄油、柠檬汁…各 1 大匙

做法

1. 将鸡胗切成适中大小。绿长椒斜切成两半。

2. 在锅中倒入 1 小匙（分量外）橄榄油，开中火，倒入鸡胗炒制 2~3 分钟。再加入绿长椒继续炒 2~3 分钟，最后加盐、胡椒、大蒜粉调味，搅拌均匀后倒入容器内。

3. 趁热加入橄榄油和柠檬汁搅拌。

瘦身！副菜

橄榄油煮生蚝

用浸满了生蚝鲜味的橄榄油做成佳肴。

冷藏
可保存
3~4 天

材料（2人份）

生蚝…8 个

大蒜…1 瓣

红辣椒…1 根

盐…少许

橄榄油…6 大匙

做法

1. 用盐水将生蚝洗净后控干。大蒜一切两半。红辣椒去籽切成两半。

2. 把步骤 1 中的食材倒入小锅里，撒盐，倒入橄榄油，用小火加热 10 分钟。

瘦身技巧
Rule 6

喝酒关键在于选择，
想喝就喝才是硬道理！

酒精热量徒有虚名。
注意选择好下酒菜，最后的拉面尽量不吃。

　　酒精高热量，减肥过程中必须禁酒？非也，酒精的热量虽高，但那常被人称为空热量，在体内很难积蓄。有研究称适量饮酒可以降低血糖，酒精不会使人发胖。少喝糖分高的日本酒、啤酒，少吃下酒坚果、拉面和甜点为宜。那么，喝多少酒算是适量呢？酒量因人而异，微醺即止。

推荐的酒品
○烧酒
○红酒
○清淡啤酒
○威士忌、白兰地
○无糖啤酒

有选择饮酒就不会发胖。喜欢喝酒的人可以尽情喝。

不宜喝的酒
○日本酒
○啤酒
○果酒
○绍兴酒

60

瘦身！副菜

蔬菜作为主食材，可拌可煎可炒。

用心调好口味，方能百吃不厌。

只吃减肥蔬菜，不如多吃杂吃，方可降低体重提高体质。

副菜中无特殊标记的均无需加热即食。

紫苏叶腌黄瓜

黄瓜糖分和热量都很低，最适宜做小菜。

冷藏
可保存
2 天

材料（2 人份）

黄瓜⋯2 根

绿紫苏叶⋯4 片

盐⋯1 小匙（蔬菜重量的 2%）

醋⋯1 大匙

做法

1. 将黄瓜刮皮后切成滚刀块。绿紫苏叶竖切成两半。

2. 将步骤 1 中的食材加盐轻揉后，拌上醋，连汤带汁倒入容器。

用塑料袋装腌菜时，袋中勿留空气。

瘦身！
副菜

味噌腌黄瓜

腌制 2 种发酵食品的腌菜汤也一并食用。

冷藏
可保存
2 天

材料（2 人份）

黄瓜⋯2 根

A | 原味酸奶（无糖）⋯4 大匙
橄榄油⋯1 大匙
味噌⋯2 小匙
大蒜粉⋯少许

做法

1. 将黄瓜去皮后切成 3 等份。

2. 将步骤 1 中的食材倒入容器内，加入调料 A 拌匀即可。

芥末小油菜

小油菜配芥末更易于矿物质吸收。

冷藏
可保存
2天

材料（2人份）

油菜…半把

酱油…半大匙

芥末酱…半小匙

做法

1. 将油菜切成 4~5cm 长，放入带封条的保鲜袋内，然后加入酱油和芥末酱，轻轻揉搓。

2. 排干空气后封住袋口。

Memo

攥干水分后食用。

洋葱拌卷心菜

卷心菜可口，令人吮指回味。

冷藏
可保存
2天

材料（2人份）

卷心菜…3 片

洋葱…¼个

盐…半小匙

醋…1 大匙

芝麻油…1 大匙

做法

1. 用手将卷心菜掰成适中大小。将洋葱逆着纤维切成薄片。

2. 将步骤 1 中的食材加盐和醋，倒入带封条的保鲜袋内，轻轻揉搓后加入芝麻油搅拌。封袋时注意袋中勿留空气。

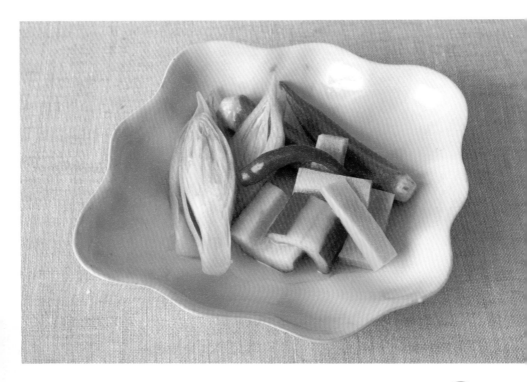

日式腌小菜

不甜的腌菜汤更增加蔬菜口味。

材料（2 人份）

元蒌…2 个

胡萝卜条…3cm

黄瓜…半根

红辣椒…1 根

秋葵…2 根

A
白酱油…3 大匙
醋…⅓杯
水…半杯

做法

1. 将元蒌竖切成两半，胡萝卜切成长条。黄瓜去皮去籽后切成 3cm 长条。将红辣椒去种。

2. 将调料 A 和秋葵倒入耐热容器里，盖上保鲜膜，放入微波炉内加热 1 分钟。趁热加入步骤 1 的食材后，勿盖保鲜膜晾干即食。

※ 推荐用白酱油，可以使菜品更美观。选择偏咸一点的更易入味。

辣味拌豆芽

一定要用富含有机成分的黄豆芽！

冷藏
可保存
2 天

材料（2人份）

黄豆芽…1 袋

A
醋…2 大匙
酱油…2 小匙
味精、芝麻油…各 1 小匙
豆瓣酱… ⅓ 小匙

辣油（根据口味）…适量

做法

1. 将调料 A 倒入保存容器中搅拌均匀。

2. 黄豆芽焯水后沥干，趁热倒入步骤 1 的容器里。按个人口味淋上辣油即可食用。

※ 有机成分是指食材中含有的可以预防慢性疾病的营养成分。

麻汁拌茄子

茄子的食物纤维可以帮助改善便秘。

材料（2人份）

茄子…4 根

大葱… ⅓ 根

A
甘醋酱油…2 大匙
白芝麻盐…1 大匙
芝麻油…1 小匙

做法

1. 将茄子去皮后切成 4 等份，用水泡 5 分钟。连水一起用保鲜袋逐根包起来。

2. 将大葱切成粗末后倒入盆中，加入调料 A 搅拌均匀。

3. 将步骤 1 中的食材摆入耐热容器，用微波炉加热 3 分钟，再反过来加热 2 分钟。趁着温热将之摆入容器。最后将步骤 2 中的食材撒上去即可。

煎炸茄子皮

用富含多酚的茄子皮做成小零食。

在锅里加入 4 大匙芝麻油，将茄子皮煎炸至酥脆后再撒上盐就成了一道美味的小零食。冷藏保存（2~3 天）后就会变软。

紫洋葱拌苦瓜

可以品尝富含维生素 C 的苦瓜味。

冷藏
可保存
2~3 天

材料（2 人份）

苦瓜…半根

紫洋葱…半个

醋…2 大匙

酱油…少许

芝麻油…1 小匙

做法

1. 将苦瓜剖开去籽后切成薄片。将紫洋葱也切成薄片。再把这两种食材混在一起，加一小勺盐搅拌后，静置 5 分钟，然后攥干水分。

2. 把步骤 1 中的食材倒入带压条的保鲜袋里，加醋和酱油轻轻地揉搓，再加入芝麻油搅拌均匀。封袋时袋中勿留空气。

腌制小番茄

小番茄里富含番茄红素，可以美肤。

材料（2 人份）

小番茄（红、黄）···各 6 个

干荷兰芹碎末···适量

盐···半小匙

橄榄油···2 大匙

做法

1. 将小番茄切成两半后撒上盐，静置 5 分钟。

2. 出水后沥干水分。倒入容器后淋上橄榄油，再撒上干荷兰芹碎末。

日式白沙拉

及时补充主菜中不足的蛋白质。

材料（2 人份）

老豆腐···1 块

水煮毛豆···80g

味噌···1 大匙

橄榄油···2 小匙

盐···少许

做法

1. 用纸巾将老豆腐包起来，静置大约 5 分钟后倒入盆内。用平铲搅拌至浆状。

2. 加入味噌和橄榄油搅拌，再加入水煮毛豆后用盐调味，最后倒入容器里。

瘦身！**副菜**

水煎青梗菜

富含增强抵抗力的维生素 A、C!

材料（2人份）

青梗菜⋯4 小根

大葱⋯半根

盐⋯少许

芝麻油⋯2 小匙

做法

1. 将青梗菜切成 4 等份。将大葱斜切成薄片。

2. 将步骤 1 中的食材倒入锅中，撒上盐后淋入橄榄油。盖上锅盖开中火，煎蒸 3 分钟后倒入容器里。

瘦身!
副菜

其他蔬菜也可以!

选 6 根芦笋，去根后拦腰切断，摆入锅中撒上少许盐，加 1 大匙水和 1 小匙橄榄油煎蒸即可。

将 1 个西蓝花分成小朵后倒入锅中，撒上少许盐，加 1 大匙水和 1 小匙橄榄油煎蒸即可。

菜花煎蒸火腿片

在淡色蔬菜中菜花的维生素 C 的含量最高！

冷藏
可保存
2~3天

材料（2人份）

菜花…1个

生火腿…60g

A | 橄榄油、柠檬汁…各1大匙
　 | 盐、胡椒…各少许

做法

1. 将菜花掰成小朵。用手将生火腿撕成适中大小。

2. 将调料 A 和生火腿倒入盆中备用。

3. 在锅中倒入1小匙橄榄油，开中火，倒入菜花后盖锅煎蒸2分钟。再开盖煎至菜花上色后拌入步骤2中的食材，倒入容器中即可。

※ 为保持菜花的清脆口感，煮到半熟即可。

蒸炒茄子

加入姜丝可以暖身暖胃。

冷藏
可保存
2~3 天

材料（2 人份）

茄子…4 根

生姜…2 块

芝麻油…2 大匙

A | 水…¼杯
  | 酱油…2 小匙

做法

1. 将茄子对半竖切后，在茄皮上每隔 5mm 切一刀，不切断，再对半切成两段。用水浸泡 5 分钟左右后将水控干。将生姜切成细丝。

2. 将芝麻油倒入锅中后开中火，把茄子皮朝下摆入锅中。盖上锅盖煎蒸 1~2 分钟。然后开盖，翻过来再煎 2~3 分钟，倒入容器里。

3. 将生姜和调料 A 一起倒入空锅里煮沸后，加入步骤 2 中的食材即可。

脆炒白菜

热量极低，可尽情敞开吃！

 冷藏
可保存
2~3 天

材料（2 人份）

白菜…4 片叶

鲣鱼干…3~5g

芝麻油…1 大匙

盐…少许

酒…¼杯

酱油…2 小匙

做法

1. 将白菜切成大块。倒入锅中后加入芝麻油、盐和酒，开中火蒸煎大约 3 分钟。

2. 再淋上酱油后炒制 2 分钟，加入鲣鱼干拌匀，出锅倒入容器中。

西洋水煎生菜

用了整整一棵营养均衡的生菜。

冷藏
可保存
1~2 天

材料（2 人份）

生菜…1 棵

水芹…1 把

清汤料粉…2 小匙

水…2 大匙

盐、胡椒…各少许

做法

1. 将生菜用手掰成大块。水芹对切两半。

2. 锅中加入步骤 1 中的食材后倒入清汤料粉和水，盖上锅盖，开中火煎蒸 2~3 分钟。最后加入盐和胡椒调味后出锅，倒入容器里。

豆渣炒牛蒡沙拉

富含膳食纤维的绝佳搭配。

冷藏
可保存
2~3 天

材料（2 人份）

牛蒡…半根

胡萝卜…半根

豆渣…60g

芝麻油…2 小匙

蛋黄酱…2 大匙

盐、胡椒…各少许

做法

1.将牛蒡斜切成薄片，用水浸5分钟，控干水分。将胡萝卜也斜切成薄片。

2.将芝麻油倒入平底锅，开中火，倒入牛蒡和胡萝卜炒制 1~2 分钟。再加入豆渣炒制 1~2 分钟。关火，加入蛋黄酱、盐、胡椒搅拌均匀，装入容器。

酱油竹笋炒扇贝

富含膳食纤维的竹笋是绝妙的减肥食材。

冷藏
可保存
2天

材料（2人份）

熟竹笋…2小根

扇贝…90~100g

大蒜…1瓣

橄榄油…2小匙

盐、酱油…各少许

A 橄榄油、酱油…各2小匙

做法

1. 将煮好的竹笋一劈两半后切成5mm厚的片。将大蒜切成粗末。

2. 将橄榄油和大蒜倒入平底锅内，中火加热至出蒜香，加入竹笋和扇贝，炒制3分钟。加入盐、酱油翻炒后，盛入容器中，加入调料A即可。

章鱼炒芹菜

芹菜叶富含 β – 胡萝卜素，与章鱼一起炒制，营养丰富。

冷藏
可保存
2~3 天

材料（2 人份）

熟章鱼…160g

芹菜…1 根

芝麻油…2 小匙

酒…3 大匙

盐、酱油…各少许

做法

1.将熟章鱼切成大块，将芹菜茎斜切成薄片，芹菜叶剁成大块。

2.将橄榄油倒入平底锅，中火加热，倒入步骤 1 中的食材，炒制 1 分钟。加入酒、盐、胡椒，待芹菜炒至蔫软，出锅装入容器。

明太子酱汁煎圆白萝卜

选用带根叶的白萝卜，营养丰富。

冷藏
可保存
2~3 天

材料（2 人份）

圆白萝卜…3~4 个

明太子…1 个

A ┃ 橄榄油…2 大匙
┃ 柠檬汁…1 大匙
┃ 酱油…少许

橄榄油…2 小匙

做法

1. 将圆白萝卜劈切。萝卜叶剁成碎末。将明太子去皮后，与调料 A 混合搅拌。

2. 在平底锅里倒入橄榄油，中火加热，倒入萝卜块炒制 2~3 分钟。再加入萝卜叶炒制 1 分钟，出锅入盘。

3. 最后将调料 A 和明太子搅拌后，浇到步骤 2 的食材上。

咸海带炒青椒

青椒富含维生素 A、C，可尽情食用。

材料（2 人份）

青椒…6 个

咸海带…5g

白芝麻盐…1 大匙

芝麻油…1 大匙

酒…2 大匙

做法

1. 将青椒竖切成细丝。

2. 在平底锅里倒入芝麻油，开中火，将青椒丝炒制 1~2 分钟。再加入咸海带和酒炒制，出锅后撒上白芝麻盐，即可食用。

西葫芦意大利面

在蔬菜中西葫芦以低糖著称，食用首选。

冷藏
可保存
2~3天

材料（2人份）

西葫芦…2根

大蒜…1瓣

红尖椒…1根

橄榄油…1大匙

盐、胡椒…各少许

做法

1. 将西葫芦去皮后切成薄片，红尖椒去籽切碎。

2. 在平底锅里倒入橄榄油和大蒜，中火炒至出味后，加入西葫芦和红尖椒炒制2分钟，加入盐、胡椒调味，出锅装入容器。

豆浆西蓝花炖鲑鱼

连汤喝光，汤中的维生素全吸收。

冷藏
可保存
2~3 天

材料（2 人份）

西蓝花…1 棵

新鲜鲑鱼…1 切块

A | 水…1 杯
A | 日式汤粉…2 小匙
A | 盐…⅓小匙

豆乳…1 杯

做法

1. 将西蓝花掰成小朵。新鲜鲑鱼切成适中大小，加少量酒（未计量）浸润 3 分钟后沥干水分。

2. 将调料 A 倒入锅中，开中火煮沸，加入步骤 1 中的食材，盖锅煮 3 分钟。加豆乳再煮 2 分钟，关火冷却后出锅入盘。

番茄秋葵汤沙拉

轻轻松松摄入维生素、矿物质、膳食纤维。

冷藏
可保存
2~3 天

材料（2 人份）

番茄…1 个

秋葵…8~12 根

A | 水…2 杯
A | 清汤粉料…2 小匙
A | 盐…1 大匙

柠檬汁…1 大匙

粗胡椒…少许

做法

1. 将番茄去蒂，秋葵去根。

2. 将调料 A 倒入锅中，中火煮沸，加入番茄后立即出锅浸入冷水，剥皮后再入锅。

3. 加入秋葵后小火煮 2~3 分钟。冷却后，加入柠檬汁和粗胡椒，出锅入盘。

味噌豆腐

新鲜蔬菜加冷汤。

冷藏
可保存
2~3 天

材料（2 人份）

嫩豆腐…1 块

黄瓜… 半根

元葱…2 个

紫苏叶…4 菜

白芝麻盐…1 大匙

A | 水…1 大杯
  | 日式汤粉…2 小匙
  | 味噌…1 大匙半

做法

1. 将黄瓜切成圆薄片，元葱、紫苏叶切碎，铺入容器中。

2. 将调料 A 入锅，中火煮沸，将嫩豆腐切成大块入锅，小火煮 5 分钟。趁热倒入步骤 1 的容器中，撒上白芝麻盐。

小油菜炖蛤蜊

补充铁分和矿物质。

冷藏
可保存
1~2 天

材料（2 人份）

小油菜…半把

蛤蜊（洗净去沙）…200g

A │ 水…2 杯
│ 日式汤粉…2 小匙

酱油、酒…各 1 大匙

做法

1.将小油菜用热水淖过，沥水后，切成3~4cm长。

2.将蛤蜊和调料 A 入锅，中火煮至蛤蜊开口，加入酱油和酒。加入小油菜，煮沸出锅入盘。

煮杂菇

常备的排毒小菜。

冷藏
可保存
2~3 天

材料（2人份）

蟹味菇…1 盒

金针菇…1 袋

杏鲍菇…1 根

咸裙菜…30g

红尖椒…1 根

芝麻油…1 大匙

A
| 水…1 杯半
| 日式汤粉…2 小匙
| 盐…半小匙

做法

1. 将蟹味菇和金针菇去根，撕成小朵。将杏鲍菇切成薄片。将咸裙带菜用水浸泡 4 分钟，沥水后切成适中大小。将红尖椒去籽切碎。

2. 将芝麻油倒入锅中，开中火，倒入步骤 1 中的食材，小火炒 3 分钟，出锅入盘。

3. 在空锅里倒入调料 A 煮沸，加入步骤 2 中的食材。

卷心菜汤咖喱

咖喱粉中富含有抗氧化作用的香辛料。

冷藏
可保存
2~3 天

材料（2 人份）

卷心菜…3 片叶

大豆（水煮）…50g

橄榄油…1 小匙

咖喱粉…1 大匙

A | 水…1⅓杯
清汤粉料…2 小匙
盐、胡椒…各少许

做法

1. 将卷心菜切成大块。在平底锅里倒入橄榄油，中火加热，倒入卷心菜、大豆、咖喱粉爆炒。

2. 加入调料 A 煮沸后，改小火煮 3 分钟，出锅入盘。

浓缩蔬菜精华！
烤箱里出来的
小菜

七彩烤时蔬

色香味搭配营养均衡。

冷藏
可保存
2~3 天

材料（2 人份）

西葫芦…1 根

杏鲍菇…1 大根

芦笋…2 小根

番茄…2 小个

橄榄油、柠檬汁…各 1 大匙

盐…少许

做法

1. 将西葫芦竖切成 4 等份，再横切成 3~4cm 的长条。杏鲍菇竖切成 4 等份。将芦笋中间切断，番茄去蒂。

2. 将锡纸铺入烤盘，将步骤 1 中的食材摆入，洒上橄榄油，放入预热到 180 度的烤箱中，烤 20 分钟。加入柠檬汁、盐，装入容器。

蒜烤香菇

撒上豆渣更添膳食纤维。

冷藏
可保存
2~3 天

材料（2 人份）

香菇…6~8 个

豆渣粉…1 大匙

橄榄油…2 小匙

盐、大蒜粉…各少许

做法

1. 将香菇去根后切成 4 等份。洒上橄榄油之后，将盐、大蒜粉搅拌撒上，再将大蒜粉撒匀。

2. 将步骤 1 中的食材摆入铺着锡纸的烤盘内，送入预热到 180 度的烤箱里烤 5 分钟后，出炉入盘。

烤彩椒

富含 β - 胡萝卜素和维生素 C、美肤效果最佳。

冷藏
可保存
2~3 天

材料（2 人份）

彩椒（红、黄）···各 1 个

盐、胡椒···各少许

橄榄油···2 大匙

做法

1. 将彩椒竖切成两半，去籽后切成适中大小。摆入铺着锡纸的烤盘，送入预热至 200 度的烤箱中，烤制 10~15 分钟。

2. 出炉入盘，撒上盐、胡椒，再淋上橄榄油。

牛油果烤莲藕

时下流行的美容健康吃法。

冷藏
可保存
1~2 天

材料（2 人份）

莲藕…1 节

牛油果…1 个

A ┃ 橄榄油、柠檬汁…
┃ 各 1 大匙
┃ 酱油…半大匙

做法

1. 将莲藕去皮，切成 8mm 厚的圆片。将牛油果竖切成 6 等份。

2. 将步骤 1 中的食材摆入铺着锡纸的烤盘，送入预热至 180 度的烤箱内，烤制 15 分钟，出炉入盘。

3. 将调料 A 均匀浇到步骤 2 的食材上。

提前备好足味酱汁

冷藏
可保存
3~4 天

可浇在炸豆腐块上食用。

可浇在生鱼片上食用。

药味酱汁

富含维生素、矿物质、膳食纤维。

材料（2 人份）

小葱…6~7 根

秋葵…2 根

紫苏叶…5 片

元蘑…2 个

海带丝…6g

A | 水…5 大匙
白酱油…3 大匙
醋…2 小匙

做法

将小葱、秋葵、紫苏叶、元蘑切成粗末，倒入容器后，加入海带丝，与调料 A 搅拌均匀。

※ 海带丝最好选用水发后发黏的（纳豆海带丝）。

备好足味酱汁，佐餐肉、鱼，更加提味，方便简单。

冷藏
可保存
2~3天

浇在煎鸡肉上吃。

浇在牛油果上制成沙拉。

酸奶酱汁

是一道可以改善肠道菌群的佳肴。

材料（2 人份）

黄瓜…1 根

红彩椒…1 个

圆葱…¼个

A
酸奶（无糖）…6 大匙

鲜奶油、橄榄油…各 2 大匙

盐…1 小匙

大蒜粉、黑胡椒粒…各少许

做法

将蔬菜全部切成碎块装入容器，加入调料 A 后搅拌均匀即可。

可浇在熏鲑鱼上制成沙拉。

可浇在煎鸡蛋上吃。

冷藏
可保存
2~3 天

番茄酱汁

新鲜时蔬！沙拉口感！

材料（2 人份）

番茄…1 个

芹菜…半根

圆葱…¼ 个

青椒…半个

A
| 柠檬汁…2 大匙
| 醋…1 小匙半
| 胡椒…少许

橄榄油…5 大匙

做法

将蔬菜全部切碎加水装入容器中，加入调料 A 搅拌均匀，最后浇上橄榄油即可。

可浇在蒸茄子或
西蓝花上食用。

可与苦瓜一起
炒着吃。

冷藏
可保存
3~4天

担担肉酱

配上蔬菜即成佳肴，简单方便！

材料（2人份）

肉馅…100g

大葱… ⅓根

大蒜、姜…各一瓣

芝麻油…1大匙

豆瓣酱…1大匙

A | 水…6大匙
芝麻酱…2大匙
味噌、醋…各2小匙

做法

1. 将肉馅儿加入沸水，煮熟后出锅。

2. 将蔬菜全部切碎。

3. 在平底锅里加入芝麻油和豆瓣酱、步骤1中的食材，中火炒制2~3分钟，然后拌入调料A，炒制1分钟即可。

我们也是按照瘦身技巧法则健康瘦身的！

"瘦身法则"取自日常生活，轻松自然实现了瘦身理想。这里介绍3个人的成功事例，您也可以从今天开始试着做。

瘦身技巧
Report

Case 1

2 个星期减掉 2kg，整个过程轻松自如，胃口也没感到任何不适。

我从小就身材苗条，然而过了45岁以后全身开始发胖……以前的套装都穿不进去了，整天焦虑自己如何减肥才好。

正在这时，我听说了"英子减肥法"能够瘦身，自己也就决定试一试。又要忙孩子又要忙工作，只有周六我才能有空做一顿像样的饭菜。于是，我试着做了"柠檬炖鸡翅"（p.3）和"猪肉白菜千层派"（p.18），作为平日里的晚餐和午餐。

晚上下班回到家感到浑身乏力，只要一想起"冰箱里有预先备好的小菜"，我的心里就踏实多了，再也不用担心暴饮暴食摄入过多的碳水化合物了。米饭只吃一小碗，主要吃小菜，结果两个星期里减掉了 2kg，整个过程中我的胃口也丝毫没有感觉到有什么不适，真是太神奇了！

菜谱上的每一种做法都只有 2~3个步骤，对我来说易学易做美味可口。我希望跟我同年龄的诸位也试着做做。我自己也会继续坚持找回自己匀称的身材。

减掉
2kg

两个星期

166cm
66.5kg → 64.5kg
49 岁 女性

After

Before

与两周前相比，腹部和脸部都瘦了。认识我的人见面就问："你是怎么瘦下来的？"

外出吃饭时，我总结出"主要吃蔬菜，远离意大利面和咖喱"的基本规律。

Case 2

**每天早餐变换花样，
半年时间成功减掉 12kg 体重。**

本来我对健康漠不关心，很少运动，暴饮暴食。过了 40 岁开始发福了，我也没有改变自己不健康的生活习惯。结果，有一天测体重的时候，我发现自己的体重减掉了 7kg。当我告诉妻子时，妻子跟我说："最近，朋友柳泽女士教给我一种瘦身菜谱，我照着做的。"我吃起来美味可口，根本没意识到这是个减肥菜谱。

接下来半年后，我成功减掉了 12kg 体重。身心轻松，如今休息日里运动成了我的最大乐趣。

减掉
12kg

半年

177cm

82.5kg → 70.5kg

53 岁　男性

40 岁后体重不断增加，尤其是那个啤酒肚让人烦恼不已，几乎平均两年就要从头到脚换一套新的行头。

Case 3

**"备用的食谱"
给人减肥和美肤的实感。**

从 20 岁后半期开始，我的工作开始繁忙，压力山大，暴饮暴食。等意识到才发现，自己从脸上到肚子全是赘肉。再加上日复一日加班熬夜，生活不规律，我的肌肤也眼看着日趋粗糙……到了 32 岁，我意识到自己日趋危机，于是经朋友介绍我学会了柳泽女士的"瘦身小菜"。

夜晚加餐都是"瘦身小菜"，过了三个月我开始瘦下来了，肌肤也恢复了！胃口也好了，真是让人开心。

减掉
6kg

三个月

20 岁后半期，我的脸和身上都肉滚滚的。夜里加餐，自己最喜欢吃的都是碳水化合物之类的食品。

158cm

56kg → 50kg

32 岁　女性

图书在版编目（CIP）数据

英子减肥食单 / （日）柳泽英子著；郭雅馨译 . --
青岛：青岛出版社，2017.11
ISBN 978-7-5552-5921-3

Ⅰ.①英… Ⅱ.①柳… ②郭… Ⅲ.①减肥—食谱
Ⅳ.① TS972.161

中国版本图书馆 CIP 数据核字 (2017) 第 256987 号

YASERU OKAZU TSUKURIOKI
by Eiko YANAGISAWA
©2015 Eiko YANAGISAWA
All rights reservsd.
Original Japanese edition published by SHOGAKUKAN.
Chinese translation rights in China (excluding Hong kong, Macao and Taiwan)
arranged with SHOGAKUKAN through Shanghai Viz Communication Inc.

山东省版权局著作权合同登记 图字：15-2017-150号

书　　名	英子减肥食单	
著　　者	（日）柳泽英子	
译　　者	郭雅馨	
出版发行	青岛出版社	
社　　址	青岛市海尔路 182 号（266061）	
本社网址	http://www.qdpub.com	
邮购电话	13335059110　0532-85814750（传真）0532-68068026	
责任编辑	杨成舜　刘　冰	
封面设计	刘　欣	
内文设计	刘　欣　时　潇　张　明　刘　涛	
印　　刷	青岛浩鑫彩印有限公司	
出版日期	2018 年 1 月第 1 版　2018 年 1 月第 1 次印刷	
开　　本	32 开（890mm×1240mm）	
印　　张	3.75	
字　　数	40 千	
图　　数	163	
印　　数	1 - 10000	
书　　号	ISBN 978-7-5552-5921-3	
定　　价	39.00 元	

编校印装质量、盗版监督服务电话 4006532017　0532-68068638
建议陈列类别：美食